はじめに

30代前半まで、きものとは無縁な生活を送っていた私ですが、「海外移住しよう！」と計画を立てているときに、着付け教室に通い、すっかりきものの魅力にのめり込み……、広島できものを愉しむ機会の創出とコミュニティづくりを目指して、『ひろしまきもの遊び』を立ち上げました。

今回は私のライフワークにもなっている「きもの」と、きもの熱へのきっかけとなった「海外」というキーワードを柱に、10の広島の酒蔵とその街並み、そしてお酒の愉しめるお店やきものが似合うお店などをご紹介させていただいています。本書がきっかけで、きものを着てお酒を愉しむ方が増えるといいなと思っています。そして、本書を手にとってくださった皆さんと、きものでお酒時間をご一緒できる日がくることを心待ちにしています♪

（一社）ひろしまきもの遊び
澤井　律子

洋食
いせ屋
いせ屋
禁煙

目 次

003 はじめに

004 目次

005 読む前にちょっとした豆知識

006 **西条・安芸津**

008 賀茂泉酒造

012 賀茂鶴酒造

016 白牡丹酒造

020 今田酒造

024 くぐり門珈琲店／佛蘭西屋

026 cafe Trecasa

030 **竹原**

032 竹鶴酒造

036 藤井酒造

040 酒造 そば処 たにざき／ほり川

044 **五日市**

046 八幡川酒造

050 カリー食堂 キュリ／甘味処 篁庵

054 **呉・音戸・安浦**

056 榎酒造

060 盛川酒造

064 田舎洋食 いせ屋／昴珈琲店1959店

066 びっくり堂／御菓子処 蜜屋

068 音戸渡船／ご飯屋CAFE 蔵屋敷

070 天仁庵

072 **鞆の浦（福山）**

074 岡本亀太郎本店

078 民芸茶処 深津屋／福禅寺・對潮桜

080 BEER&CAFE Gallery 茶屋蔵
田淵屋

082 SPECIAL ISSUE
古民家「輪～Rin」&velo cafe voyAge

090 INDEX

092 あとがき

KIMONO COLUMN

目指せ！所作美人

027 お出かけ編

028 訪問編

029 写真撮影編

042 飲食編

043 お手洗い編

052 コーディネート編

053 街ブラスタイル編

084 おちょこれくしょん

読む前にちょっとした豆知識

大吟醸、純米吟醸、本醸造など名称がいろいろありますが、その違いを知っておくと、より酒を楽しむことができます。現在、酒の多様化により、**大吟醸酒**、**純米大吟醸酒**、**吟醸酒**、**純米吟醸酒**、**本醸造酒**、**純米酒**と、**製法**（**精米歩合**、**麹歩合**、**アルコール添加量**など）により、区分しています。

精米歩合とは	白米のその玄米に対する重量の割合のこと。精米歩合60%というときには、玄米の表層部を40%削り取ることを指します。米の胚芽や表層部には、たんぱく質、脂肪、灰分、ビタミンなどが多く含まれ、これらの成分は、清酒の製造に必要な部分ですが、多すぎると清酒の香りや味を悪くするので、米を清酒の原料として使うときは、精米によってこれらの成分を少なくした白米を使います。
麹歩合とは	米麹（白米に麹菌を繁殖させたもので、白米のでんぷんを糖化させることができるもの）の製造に使用する白米を指します。特定名称の清酒は、麹米の使用割合（白米の重量に対する麹米の重量の割合）が15%以上のものに限られています。
アルコールとは	でんぷん質物や含糖質物から醸造されたアルコールのこと。もろみにアルコールを適量添加すると、香りが高く、スッキリした味となります。さらに、アルコールの添加には、清酒の香味を劣化させる乳酸菌（火落菌）の増殖を防止するという効果もあります。
吟醸造りとは	吟味して醸造すること。伝統的によりよく精米した白米を低温でゆっくり発酵させ、かすの割合を高くして、特有の芳香（吟香）を有するように醸造することをいいます。 吟醸酒は、吟醸造り専用の優良酵母、原料米の処理、発酵の管理からびん詰・出荷に至るまでの高度に完成された吟醸造り技術の開発普及により商品化が可能です。

（参考：「李白酒造」日本酒よろず知識／日本酒造組合中央会）

\ SAIJO AKITSU /

西条・安芸津

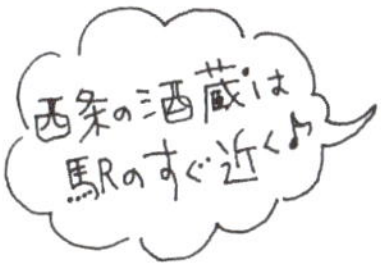

酒処として知られる広島県。なかでも東広島市安芸津町は、「吟醸酒の父」として呼ばれるようになった三浦仙三郎の出身地で、三浦たち「安芸杜氏」は、安芸津の酒をはじめ、西条の酒の改良を重ねることで、日本を代表する酒処となりました。その歴史は今もなお脈々と受け継がれ、現在も酒蔵の町としてにぎわう西条は蔵が建ち並び、着物が似合います。

賀茂泉酒造

好みの酒は、自分になじむ甘さを探すことから始まる

―――――― 前垣 壽宏さん

「日本酒は、甘さを愉しむ酒なんです」と前垣壽宏副社長は言います。

日本酒の味は「甘み」の量が多いか少ないかに加え、酸味との相対的なバランスによるもの。温度によっても酒の甘みは変わり、体温に近づくほど甘みを感じやすくなるのだとか。日本酒には「熱燗」「ぬる燗」「冷や」のように酒の温度に応じた名称があり、それだけ多彩な味わい方があるということでもあります。

「だから、自分が飲んで自然に感じ、受け入れられる甘み、温度を探すことで、好みの酒が分かってきますよ」とアドバイスをもらいました。

日本酒ビギナーに対しては「女性にも、初心者にも〝本物の日本酒〟を知ってほしいですね」とも。

一方で「日本酒を多くの人に親しんでもらうために間口を広げることは大事ですが、酒に対してある程度の〝敷居の高さ〟は必要だと思っています。

ビギナーに受け入れてもらうために迎合して、本来の日本酒とは違うものになってしまっては、長年の日本酒ファンにも申し訳ないですから」と少々辛口な意見も返ってきました。

「市場の声を聴くことはもちろん大事ですが、その一方で造り手のポリシーや思いを前面に出していくことも必要。プロダクトアウト、マーケットインと言いますが、両者のバランスが大切です」とも。その取り組みの一例が賀茂泉で毎年春に開催される「蔵開き」。前垣副社長が発案した。

　酒を飲んでくださるお客様に蔵元から働きかけ、接点を増やしていく試みとして、他の会社で5年間勤務し、帰郷した2003年にスタート。半ば勢いで始めた手作りのイベントは毎年好評で、14回目を数えます。1本の竹のてっぺんから酒を注ぎ入れ、竹の酒器で受けて飲む「竹酒」など、蔵を訪れた人がドキドキワクワクしながら酒に

初心者にこそ 〃本物の日本酒〃を

全国でもいち早く純米醸造を手がけ、「純米の賀茂泉」として知られる

女性に人気の賀茂泉のオリジナル商品「広島純米酒潤いマスク（1箱1,296円）」と「うるおいバスタイム（1袋216円）」。純米酒や米、ぬかエキスなど、日本酒ならでは成分と西条の仕込み水をたっぷり配合し、お肌に潤いを与える

親しめる演出を工夫してきました。

　そんな前垣副社長がオススメの酒は「朱泉本仕込」。「ぬる燗で飲むのが好きですね。心の糸がほどけ、リラックスして愉しめるので」。冷酒は清涼でスッキリとした香りが楽しめるのに対し、燗にすることで酒の味わいに優しさが加わるのだとか。「酒は百薬の長」と言われますが、体への効能と同じくらい心にも作用し、ストレスを緩和し、リラックスさせてくれる働きがあると感じます。

　2016年の1年間で蔵を訪問した外国人の統計をとったところ、最も多かったのがオーストラリア人、二番目に多いのが香港人だったとか。賀茂泉の酒もアメリカをはじめアジア、ヨーロッパへ輸出されていますが、海外からの関心はますます高まっています。前垣副社長自身も海外へ出向く機会が増え、紋付きの羽織袴で日本酒のアピールに努めています。

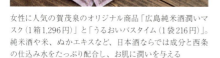

純米吟醸 朱泉本仕込

賀茂泉を代表する純米吟醸酒。淡い黄金色の酒は、ふくよかな旨味とコク、爽やかなキレを持つ。ぬるめのお燗で飲むのがおススメ。

A 720㎖ 1,704円／B 16度

※Aは希望小売価格（税込）Bはアルコール度数

店舗ではお酒の試飲もできる。外国人観光客が訪れることも増えた。要予約で蔵見学も

賀茂泉酒造株式会社

［かもいずみしゅぞう］

HP http://www.kamoizumi.co.jp/
住 東広島市西条上市町2-4
☎ 082-423-2118

米穀卸から酒造業を創業したのが1912（大正元）年。1965（昭和40）年から、米、米麹のみの純米醸造を手がけ、純米酒のパイオニアとなる。日本酒が本来持つ旨味を残すため、炭素を使った濾過を行わない酒は美しい山吹色の芳醇で豊かな味わいが特徴。

賀茂鶴酒造

新しい枝葉を太い幹に成長させるべく、試行錯誤

――椋田 茂さん

２０１８年８月に会社設立百周年を迎える賀茂鶴酒造。全国的にも知られる蔵元で、30代の若手杜氏が活躍しています。１９７８（昭和53）年生まれの椋田茂杜氏です。高校を卒業後、賀茂鶴酒造に入社し、２０１１（平成23）年に33歳で杜氏に就任しました。

かつて酒蔵では、冬場のみの「季節杜氏」による酒造りが主流でした。造り手のトップである杜氏は蔵元でも特別な存在で、蔵元の社長からも酒造りを一任されていました。

しかし、時代とともに日本酒の消費量が減り、造り手の後継者不足から、蔵元が正社員として雇用する「社員杜氏」が全国的にも増えています。椋田さんもその一人。賀茂鶴酒造で酒を製造する３つの蔵の一つ、２号蔵を任されています。

ラジオで酒蔵の後継者不足を知り、「手に職をつけたい」と高校卒業後に酒造りの世界に飛び込んだ椋田杜氏。

師に当たる上司の蔵人は厳しい人で、その下で働いた2年間は怒られてばかり。杜氏から教えてもらうことはままならず、ひたすら自分の目で見て、技術や方法を「盗む」しかなかったと言います。

酒造りが始まる時期になると、朝暗いうちから作業に入り、朝食はひと仕事終えてからの6時半。その後、11時半まで再び仕事をして昼食。午後の作業を終え、夕食は16時半というのが基本的な一日の流れ。酒造り自体は昼夜関係なく続くため、半年間は規則正しい日々を送ります。自己管理に細心の注意を払っていますが、若く体力のある椋田杜氏でさえ、冬の間に4キロ体重が減るのだとか。

「酒は一人では造れません。半年間泊まりこんで、チームで作業を続けるので、自分の体調管理はもちろんですが、若い子たちにも声をかけ、気を配っています」と椋田杜氏は語ります。

チームワークを大切に ひたむきに酒を造る

見学室では賀茂鶴のお酒の試飲ができる。土・日曜も営業 9:00 ~ 16:30

賀茂鶴の純米酒と完熟の紀州南高梅の2つの旨味を併せ持つ、深い味わいの「純米酒仕込梅酒」。全国梅酒品評会で金賞受賞もうなづけるおいしさで、女性に人気。もちろん、見学室で試飲・購入できる

2号蔵は賀茂鶴内でも純米酒をベースにさまざまなチャレンジを行っています。

「それぞれの杜氏にも役割分担があります。賀茂鶴の酒の幹に当たる部分はベテランの先輩杜氏の手でしっかりと守り受け継がれていますが、私は幹から成長した枝葉を増やすべく試行錯誤を続けています」と椋田杜氏。

高校時代は野球部だったというだけあり、「仕事を終えた後は、晩酌をしながらテレビで野球観戦するのが楽しみなんです」と満面の笑みで教えてくれた。普段からぬる燗を好んで飲むとも。酒の強さには自信があり、毎日飲みますが、酒造りに取り組む冬の間は酒の量はセーブし、1合半と決めているそうです。

「造り手の顔が見える酒」が求められる今、試飲会などで自社の酒をアピールする機会も増え、若手杜氏として期待と注目が集まっています。

大吟醸
ゴールド賀茂鶴

金箔入り大吟醸の先駆けとして1958（昭和33）年に発売。以来60年近く愛されている。桜の花びらの金箔が浮かぶ優雅な香りと芳醇な味わいの酒。

A 720㎖ 2,700円
B 16度以上 17度未満

※Aは希望小売価格（税込）Bはアルコール度数

賀茂鶴酒造株式会社

［かもつるしゅぞう］

一度に45人収容の見学室では、酒造りのビデオ上映や酒造りで使用している道具の展示も（※団体の場合は要確認）

HP http://www.kamotsuru.jp
住 東広島市西条本町4-31
☎ 082-422-2121

1873（明治6）年に酒銘を「賀茂鶴」と命名し、1918（大正7）年に現在の「賀茂鶴酒造株式会社」として法人化。清酒の品評会が誕生した明治期から最高位の賞を受賞し、国内外の大会で数多くの高い評価を得ている。伝統ある酒造りを若い世代の3人の杜氏が受け継ぐ。

白牡丹酒造

酒もきものもハレの日だけでなく、生活に寄り添うものであっていい

――島 治正さん

「白牡丹」の酒といえば、青パック、赤パック。祖父や父親が家で飲んでいる光景を懐かしく思い出す人も多いのではないでしょうか。

白牡丹の代名詞として、広島県内のスーパーやコンビニエンスストアでも見かける、なじみ深い酒。「家飲《うち》みの酒」として、昭和の高度経済成長期を支えた男たちが仕事を終え、自宅で楽しみに飲む酒として愛されてきました。

酒も着物も〝ハレの日〟だけのものではない、と島治正社長は言います。「伝統工芸品のように特別な存在としてだけではなく、もっと生活に寄り添うものであっていいのではないでしょうか」。

普段着としての着物があるように普段着の酒があっていい、と島社長は語ります。夕刻、仕事を終えて自宅でくつろぎながら味わう酒は一日の疲れを癒やし、明日も頑張ろうという活力の源となるのだから。

そんな島社長のオススメは、青パックとしても知られる「広島の酒」の限定原酒。キレのある甘口の酒は、オンザロックでもぬる燗でも楽しめます。

江戸期から続く歴史ある建物も魅力です。本社1階は見学室になっていて、入口から中へ入ると、太い梁が渡された昔ながらの造り酒屋の風情が漂います。１７８０年代に建造された屋敷をそのまま見学室として利用していて、奥には白牡丹とゆかりのある棟方志功の版画などが展示されています。

本社の北西、道をはさんだ向かいには白壁がまぶしい延宝蔵。今から３４０余年前の延宝３（１６７５）年に白牡丹が創業した地に建つ蔵です。敷地内には、高さ25メートルのレンガ造りの煙突がそびえ、創業３００年を伝える石碑、そして、石積みの井戸「延宝井戸」。井戸には今でもこんこんと水が湧き、白牡丹の酒造りに用いられています。

３４０余年、江戸期からの歴史を伝える酒蔵

創業蔵である延宝蔵内の「延宝井戸」からは今も良質な水が湧き出る

かつて酒造りに使われていた醸造用の甕や桶などの道具が展示された白牡丹本社1階の見学室。蔵元限定商品の販売や試飲もできる。土・日曜の10：30～16：00に見学ができるので、立ち寄ってみては

博物館さながらの蔵内には、酒を通じて親交のあった夏目漱石や横山大観といった歴史に名を残す偉人たちの掛け軸など、表には出さずに保管してある〝お宝〟も。先々代が残した「あるものは公開する方がよい」という教えに従い、少しずつでも展示している。

お酒が家で飲むものから、家の外で飲むものに変化してきた今、生活に密着したポピュラーな酒という白牡丹に対するイメージを払拭する試みも始まっています。限定品の純米吟醸中汲みもその一つで、平成28年広島国税局清酒鑑評会の「味を主たる特徴とする清酒」部門で優等賞を受賞しました。「以前、北広島の神楽団を追うテレビのドキュメンタリー番組で、神楽を見に来た人の席に青パックが無造作に置かれているのを見て、うれしかったですね」と島社長。よそ行きでない、普段着の酒として白牡丹が愛され続けている姿がそこにあります。

広島の酒
原酒

青パックでおなじみの「広島の酒」の原酒。日本酒度－9度の甘口で芳醇な酒は氷を浮かべたオンザロックがおススメ。蔵内での限定販売。

A 720mℓ 900円／ B 19度

※Aは希望小売価格（税込）Bはアルコール度数

白牡丹酒造株式会社

［はくぼたん］

HP http://www.hakubotan.co.jp/
住 東広島市西条本町15-5
☎ 082-422-2142

「白牡丹」の銘柄は五摂家の一つ、京都鷹司家の当主から命名された。ロゴは、同蔵の酒を愛した棟方志功の版画“牡丹花”でラベルに用いられている。東広島市八本松には四季醸造設備を完備した米満醸造場、東広島市工業団地内には調合・詰口・出荷を行う記念工場がある。

入り口のはね戸など、1780年代の屋敷の風情がそのまま残る見学室。重厚な造りに圧倒される

今田酒造

飲む人の嗜好の変化を感じとりながら、日々、試行錯誤です

―――― 今田 美穂さん

今田美穂さんは今田酒造本店の取締役であり、女性杜氏。大学卒業後、10年近く仕事をしていた東京から1994（平成6）年に帰郷。そして1998（平成10）年から杜氏として一途に酒造りを続けている美穂さんは、全国でも増えつつある女性杜氏の先駆けと言えます。蔵のある東広島市安芸津町は、醸造家、三浦仙三郎ゆかりの地。兵庫の灘が酒造りに適した硬水に恵まれた地であるのに対し、広島の水は軟水で、発酵力が弱く酒造りに不向きとされていました。仙三郎は、麹をしっかりと育て、低温でゆっくりと発酵させるなどの「軟水醸造法」を編み出し、その普及と杜氏の育成に努め、安芸津は広島の酒の担い手、広島杜氏の里として知られるようになりました。「富久長」の酒銘は、この三浦仙三郎により付けられたもの。酒銘だけでなく吟醸造りの技術と姿勢は今田酒造に受け継がれています。

今田酒造の酒を特徴付けるのが、原料に「八反草」という酒米を使用している点です。「八反草」は、「八反」や「八反錦」という広島の酒造好適米のルーツとなる米ですが、米質が硬く、背丈が高いので栽培が難しいため、時代とともに忘れられていった酒米。この広島ならではの酒米を契約農家の協力を得て復活栽培し、「八反草」だからできる酒造りを今田酒造では行っています。硬い米は高精米に耐え、溶けにくいため、雑味のない爽快なキレ味の酒になります。その持ち味を生かす麹造りや酵母の選択、醸造管理を探求し、純米大吟醸、純米吟醸、純米酒に仕上げています。2016年にはうれしいニュースが飛び込んできました。世界的に知られるワイン評論家、ロバート・パーカー氏により100点満点で評価される「パーカー・ポイント」初の日本酒の評価付けで、「富久長純米大吟醸 八反草50」が90点の高評価を得た

広島酒米のルーツ「八反草」を甦らせ、酒を醸す

お酒の貯蔵にタンクは使わず、瓶で冷蔵保存。飲む瞬間においしい状態をキープするため蔵で丁寧に貯蔵管理したお酒を、出荷する

柑橘の天然果汁をたっぷり使ったリキュール3種。左から「広島ネーブルオレンジ酒」「純米ゆずレモン酒」「温州みかん酒」（各500ml、1,080円）。果実をそのまま食べているようなジューシーな味わい。ロックで楽しみたい

のです。800本もの選りすぐりの純米吟醸酒や純米大吟醸酒の中から90点以上の高得点を獲得した日本酒は、1割にも満たない78本。その一つに選ばれたことは、飲む瞬間においしい酒造りを追求してきた結果といえます。

三浦仙三郎の座右の銘は「百試千改」。諦めることなく試行錯誤を続ける情熱と努力がこの言葉に込められていますが、その姿勢はそのまま今田酒造の酒造りにも息づいています。

「飲み手の食や酒の嗜好の変化を感じとりながら、酒の味もバランスをとりながら毎年少しずつ改良・工夫して酒を造っています」と今田杜氏。

新たな試みとして「ハイブリッド酒母」による酒造りや、魚介類との相性を考えて開発した酒「海風土《シーフード》」をはじめ、16年には最新鋭の蒸米機を導入し、新たな設備導入も意欲的にすすめています。静かに熱く今田酒造のチャレンジは続いています。

純米大吟醸 八反草40・八反草50

左が40%精米の「八反草」で醸した純米大吟醸、無濾過原酒。右は「八反草」50%精米の純米大吟醸で、パーカー・ポイント90点を獲得。

A 各720mℓ（八反草40）3,240円
（八反草50）1,944円

B 16度

※Aは希望小売価格（税込）Bはアルコール度数

株式会社今田酒造本店

[いまだしゅぞうほんてん]

HP http://fukucho.info/
住 東広島市安芸津町三津3734
☎ 0846-45-0003

東広島市の南、瀬戸内海に面した温暖な地域にある蔵は、1868（明治元）年創業。広島県最古の酒米「八反草」の復活栽培に2002（平成14）年から取り組む。全国へは特約店を通じて販売しているが、大正期から東京への販路があり、現在も出荷の半数は首都圏が占める。

JR呉線の安芸津駅から徒歩5分のところにあり、酒、リキュールとも蔵で販売している。蔵見学は行っていない

くぐり門珈琲店

お皿が蔵になってる！ いただきます♪

『くぐり門珈琲店』は、築80年の古民家を改装した自家焙煎珈琲店。1階にはオーナーが厳選した珈琲豆の販売と酒まんじゅうや、酒粕かりんとうなど、東広島の特産品や雑貨などを販売。たくさんあって迷ってしまいます。そして2階は喫茶スペース。酒都西条ならではの日本酒の仕込み水で淹れたコーヒーやランチが楽しめます。

コツを教えてもらいながらお直し

先生、
帯揚げ直してー

コーヒー豆は種類が豊富！

佛蘭西屋

元々は蔵人たちのまかない料理

ささ、一杯どうぞ

かわいいおちょこがいっぱい！

酒蔵の一角に京の町家のように見える建物が『佛蘭西屋』です。日本酒の仕込み水を使い、四季折々の料理と、賀茂鶴の日本酒が楽しめる和洋食レストランとして有名なお店です。広島牛頬肉の日本酒と赤ワインを使った煮込み料理のほかにも、美酒鍋の元祖といわれる賀茂鶴酒造伝統の美酒鍋を味わうことができます。

きものがマッチするお店です

cafe Trecasa

路地裏の細い道にかわいらしく佇む古民家カフェ『cafe Trecasa』。スイーツメニューは、1ホール丸ごと食べられるのがうれしいシフォンケーキ。夕方になると地元学生もそのシフォンケーキを目当てにやってきて、自家焙煎の珈琲をお供に、ペロリ。ランチタイムは、季節の野菜やブランド豚を使った、体にやさしいメニューがあります。

古民家を改装した木のぬくもりを感じられるお店

店主が心を込めて淹れてくれる一杯

ふわっふわのティラミスシフォン！

ホッと安らぐね

KIMONO ❶ COLUMN

目指せ所作美人！

お出かけ編

きものならではの
所作のポイントをお
さえて、目指せ本当
のきもの美人！

チョロさん　りっちゃん

歩き方

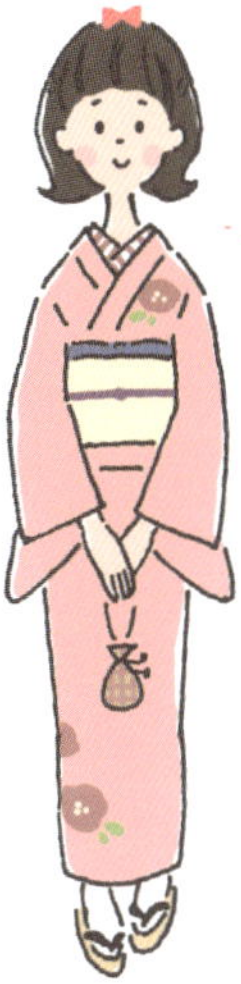

裾まわりに
合わせて
自然に歩く

背筋はピンと
まっすぐ！

歩幅は狭く、
内股ぎみで

右手はそっと
上前に添えて
おくと綺麗

Point

着付けの後、裾割りをして
おくと歩きやすいです♪
足を肩幅に開き、裾を左右
に開くよう膝を軽く 2〜3
回曲げてみて（^^）

バスや電車

なるべくポールにつかまる
ようにしましょう。
つり革をつかむときは、反
対側の手で袖を持ち体の内
側に寄せておくと腕が見え
なくてスマート。

車の乗り降り

乗るときはお尻から。降りるときは脚から。

乗る　降りる

荷物は先に
乗せてあげてね♪

上前を少し持ち上げて、お尻から
座席に腰をかけ、両脚をそろえて
お尻を軸にくるっと体を回転。

上前を軽く持ち、両脚をそろえ
て車の外へ。上前を持ったまま
お尻を浮かせながら降ります。

きもので運転す
るときは、草履か
ら靴に履き替え
ておきましょう

電話

片方の袖口を押
さえるようにし
て、腕が見えな
いように。

携帯電話のスト
ラップは「根付
（ねつけ）」が発
祥源とも言われ
ているにゃ

マメさん

階段の昇り降り

足元が不安でも、なるべく
背筋はまっすぐ伸ばしてね。

昇り　降り

右手で上前を少し持ち
上げるのがポイント。
左足が先になるように
身体を斜めにして足首
があまり見えないよう
にゆっくり昇り、降り
しましょう。

KIMONO ❷ COLUMN

目指せ所作美人！

訪問編

※ 神社のご本殿に上がるときは、前向きに脱いだまま上がるのが通常だとか。
神様にお尻を向けてはいけないからだそうです。

玄関先

コートやショールを着ている場合は玄関先で脱ぎましょう。

コートはきものを塵や汚れから守っています。玄関先で脱ぐのは、客先に塵などを持ち込まない配慮にもつながっています。

道行《みちゆき》コート
道中着など…

羽織は
そのままでOK

草履を脱ぐ

あらかじめ草履の鼻緒から足を抜いておき、前向きに脱ぎます。

体を斜めにしてひざをついて座り、つま先を外に向けてそろえます。

和室の歩き方

ポイントは滑るように歩く！です。両手は、軽く腿の上に置いておくと美しい姿になります。

畳のへりや襖などの敷居を踏まないように注意しましょう。

座り方

<和室>

右手で上前を軽く持ち上げ左手で抑え直し右手で上前をなで下ろしながら座ります。膝から上にゆとりができ、着崩れにくくなります。

<椅子>

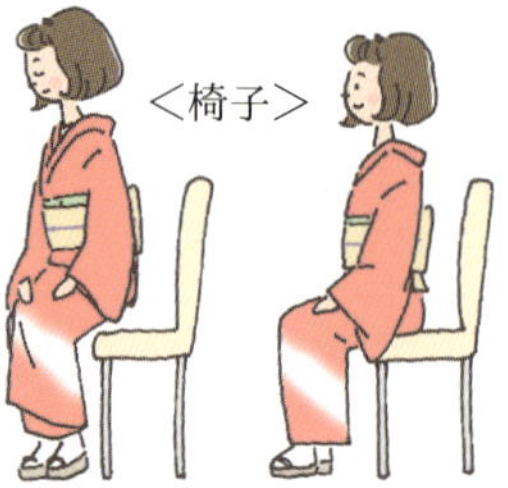

右手で上前を軽く持ち上げゆっくり座ります。腰をかけたら、背もたれにはもたれず浅めに座ります。背筋はピンと！

羽織を着ているときは・・・

羽織の裾を上げてお尻の下に巻き込まないようにします。
長羽織のときは反対にお尻の下に敷くほうがシワができにくくなります。
臨機応変にね！

雨・雪の日

雨コートや雨用の草履などの準備があると心強いです。
足元は、つま先に透明なカバーのついている草履や、二枚歯の下駄に取り外し可能なカバーをつけたり工夫して。

大島紬は水や雨に強いと言われているので、撥水加工をして雨の日に着るのも○。

ものを拾う

裾が地面につかないように上前をちょっとつまんでかがみます。
上体だけを倒すとお尻が突き出て不恰好なので、かがむときはそのまま膝を曲げ、腰を落とすように。

KIMONO ③ COLUMN

目指せ所作美人！

写真撮影編

きものを着てお出かけしたら記念に写真撮影！身だしなみときれいな写り方をマスターして美しい写真を残しましょう♪

きれいに写るコツ

カメラに対して斜めに立って、体のS字ラインを意識する

胸から上をカメラに対して正面に向けるとスッキリ

手はおへその辺りで重ねる
※カメラの方に指が向くように…

胸を軽く張って背すじをピン！

つま先は内側に向けて、カメラに近い足を少しだけ引いて、膝を曲げる

体はカメラに対して右向きにやや斜め

撮影前のチェックポイント！

□ 衿あわせ
開きすぎていませんか！？

□ 袖
襦袢（じゅばん）が出ていませんか？

□ 帯締め
外れていませんか！？

□ 帯揚げ
飛び出ていませんか！？

□ 帯（後ろ）
お太鼓のタレが上がっていませんか！？

□ おはしょり
まっすぐですか？
シワが寄っていませんか？

きもの姿を自分撮りする方が増えてきました。
インカメラや鏡に映った姿を撮影すると左右が入れ替わり、衿や身頃の合わせが逆になります。
アプリなどで反転を元に戻すか、撮り方を工夫しましょう。

\ TAKEHARA /

竹原

朝の連続ドラマですっかり有名になった竹原は、かつて製塩や酒造りで栄えていました。なかでも、江戸時代後期の面影を残す「町並み保存地区」は、現在でも栄華を物語る屋敷や由緒ある寺社が数多く残り、往時の雰囲気を今に伝えています。「安芸の小京都」とも呼ばれ親しまれてきた町を歩けば、しっとりと落ち着いた風情と心和む一時が味わえます。

竹鶴酒造

飲んで驚きのある エキサイティングな酒造りをしたい

―― 竹鶴 敏夫さん

「他社と同じものは造りません。他社にない楽しみを提供していきたい」と竹鶴敏夫社長は言います。業界に自分を合わせようと思わないし、既存の枠内でやるのが自分には合わない、とも。熟成に重きをおく竹鶴酒造では、酒に印字される日付は、出荷日ではなく実際に瓶詰めされた日。日付も他の蔵とは異なります。

イチローのような教科書通りでないプレーには、新たな発見があり、「次に何をやるんだ!?」とファンは注目する。自分にとって最適解が何かは選手ごとに違うはず。それは酒造りにも当てはまる、と竹鶴社長は考えます。

もともと家業を継ぐ気はなく、大学では基礎工学部で物性物理を専攻し、液晶や半導体を製造する会社を志望していた竹鶴社長。2000（平成12）年に帰郷して竹鶴酒造に入り、社長に就任して3年になります。

別の業界を目指していたから、冷静に

第三者の視点で日本酒業界を見ることができる、と言います。続けて「日本酒の消費量は1973（昭和48）年をピークに2000（平成12）年には3分の1にまで落ち込んでいます。日本酒は伝統産業だからと、伝統を守ることだけに固執せず、先人が築いたものを受けとめ、発展させていかなければ。そのまま引き継ぐだけでは意味がないと思います。過去に学べば、膨大なライブラリがあるのだから」と竹鶴社長。

まず、世に出して恥ずかしくない酒を造るのが前提。そのための環境を整えたうえで、型にはまらず、のびのびとした酒造りをしたい、とも。それは、奇抜なことをして目立つことではなく、伝統に根ざしながらも日本酒の枠を広げていくこと、と語ります。

その一つが木桶仕込みの酒造りです。80年前に作られ、竹鶴社長が子どもの頃には蔵の2階に上げてあり、かくれんぼの格好の隠れ場所だったという巨大な木桶。厳選された杉で造られ、保存状態が良かったこともあり再生し、2009（平成21）年に木桶仕込みの酒を復活させました。

生酛造りの酒は、古きに学ぶ新たな試み

2004（平成16）年から生酛純米酒を手がける石川達也杜氏（左）

県内でも温暖な竹原にある蔵2階の酛場は北向きで風が通る。「自然の恵みを生かした酒造りの環境を整えてきた」と石川杜氏。手にするのは8年熟成酒。炭素濾過も脱色処理もしてない酒は澄んだ琥珀色をしている

竹鶴では、2004（平成16）年に日本酒の伝統的な技法である「生酛《きもと》」造りも石川達也杜氏により本格的に始めており、生酛造りのため、2006（平成18）年には蔵の2階にある酛場《もとば》の床を張り直したほど。木桶を修復してからは、生酛の木桶仕込みの酒をシリーズ化して販売。濃醇な味わいのとりこになった日本酒ファンも多い。「型どおりで、計算され尽くした隙のない酒では酔えない。飲むなら、気持ちよく酔いたいし、飲んで楽しい気分を味わいたい。人が楽しむために酒を造っているのだから」と竹鶴社長。古きに学び、新たな試みを続けていくことで、エキサイティングな酒造りをして、飲む人に驚きを与えたい、という思いがあります。

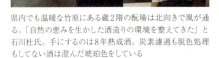

小笹屋竹鶴
生酛純米吟醸原酒・
清酒竹鶴 純米にごり酒

左の「生酛純米吟醸原酒」は瓶で貯蔵し、低温で長期熟成。右の「純米にごり酒」と共にぜひ、燗で味わってほしい。

A 各720mℓ（生酛純米吟醸原酒）3,780円
（純米にごり酒）1,188円
B（生酛純米吟醸原酒）19.4度、（純米にごり酒）16.5度

※Aは希望小売価格（税込）Bはアルコール度数

安芸の小京都・竹原の町並み保存地区にある竹鶴酒造。建物は280余年の歴史を物語る

竹鶴酒造株式会社

［たけつるしゅぞう］

住 竹原市本町3-10-29
☎0846 22 2021

「小笹屋」の屋号で営んでいた製塩業から酒造業も始め、1733（享保18）年に創業。「竹鶴」の名は、家の裏にある竹藪に鶴が飛来して巣を作ったことに由来する。14代目の竹鶴敏夫社長は経営に専念し、全幅の信頼を置く石川達也杜氏が純米酒のみによる濃醇で質の高い酒造りに取り組む。

藤井酒造

日本酒という名の大樹の根、幹をしっかりと支える酒を醸したい

――――藤井 善文さん

「開栓してから何カ月も楽しめるのがうちの酒です。空気となじんで、味がよりまろやかになります」と語る藤井善文社長。栓を開けた日本酒は早めに飲みきらないと長くはおけない、というイメージがありますが、完全発酵させた藤井酒造の純米酒は、栓を開けてからも酒が傷まないのが特徴。熟成するほどにまろやかになり、奥行きが生まれます。

なかでも、自然と対話し酵母無添加で醸す「生酛《きもと》造り」の酒は、すっと優しく体に入っていく感覚があり、毎日飲んでも飽きず、次の日が楽。冷酒でも、冷やでも、燗でも、自分好みの温度で楽しめる藤井酒造の酒は、「米の旨味と酸が調和した濃い味わいの酒なので、料理を食べながら飲む食中酒として楽しんでいただけたら」とも。毎日飲みたくなり、飲めば一杯二杯と盃が進み、いつのまにかなくなってしまう、そんな酒です。

ベーシックで分かりやすい藤井酒造の酒には、女性ファンも多い。「女性だから甘口の酒が好まれるとは限りません。むしろ、甘いだけの酒では、毎日飲もうという気持ちにはなれないものです。日本酒の旨さを知り、日常的に楽しむ女性が増えているのはうれしい限りです」と語る藤井社長の目は優しい。
「酒は生きています。晩秋に搾り始め、冬から春の新酒、夏には若い酒の爽やかさを楽しみ、秋には味の幅が広がりまろやかに。季節と共に自然が移り変わるように、酒もまた変化していくので、その時々の味を楽しんでほしいですね」と藤井社長。基準となる味に近づけるとはいえ、1年中変わらず同じ味の酒はない、と言います。「夏にお燗をして飲むのもいいですよ」と意外なアドバイスも。さっぱりしていて味わいがあり、食欲が増すとのこと。こんなふうに、飲み手の好みでいかよう

夏にお燗も。いかようにも楽しめるお酒

風情ある築250年の木造蔵の一部を「酒蔵交流館」として開放

純米吟醸酒粕を配合した美肌石けん「酒花（さけはな）」。肌を清潔に保つと同時に、天然の潤い成分の働きで、しっとりと滑らかな洗いあがり。ナチュラルな使用感が女性に人気で、リピーターも多い。1,728円（税込）

にも楽しめるのが日本酒の魅力でもあります。

晩酌でほっと一息つくもよし、食事と共に味わうもよし、お祝いや特別な日にはいつもと違うハイクラスな酒に酔うもよし。TPOに合わせ、いろいろなシチュエーションや気分で飲む酒を選べるのは、日本酒もワインも変わりはありません。「日本酒は日本の文化や生活ともつながっていて、楽しみが広がっていきますね」と藤井社長。盃や徳利といった酒器、料理を引き立てる器に留まらず、お酒の温度の違いで表現する日本語の多彩さは、味覚だけでなく五感で味わう楽しさを教えてくれます。

着物もその一つ。藤井社長自身も着物の愛好家で、イベントや集まりに着物で参加することもあるのだとか。特に海外では着物に袖を通し、蔵の酒をアピールすることも多いそうです。今後、「着物×酒」というコラボイベントが実現するかもしれません。

別格品
生酛純米大吟醸・
純米大吟醸 黒ラベル

左が米本来の旨味を引き出した龍勢ブランド最高峰の純米大吟醸酒。右は龍勢の一番人気のお酒。IWC（インターナショナル・ワイン・チャレンジ）第1回日本酒部門でトロフィー受賞。

A 各720mℓ（生酛純米大吟醸）5,400円
（黒ラベル）2,945円
B 各17%

※Aは希望小売価格（税込）Bはアルコール度数

藤井酒造株式会社

[ふじいしゅぞう]

HP http://www.fujiishuzou.com/
住 竹原市本町3-4-14
☎ 0846-22-2029

江戸時代末期、1863（文久3）年に初代藤井善七により創業。創業銘柄「龍勢」は、1907（明治40）年開催の「第1回全国清酒品評会」に出品し、最優等第1位を受賞。「龍勢」ファンと蔵元の交流の場として設けた「善七仲間の会」は25年目になり、毎月1回例会を開いている。

「酒蔵交流館」では藤井酒造のお酒や酒花化粧石けんを販売。無料の試飲コーナーやお土産品も豊富にそろう

酒蔵そば処 たにざき

藤井酒造酒蔵交流館の中にあるそば処。本格的な手打ちそばと、日本酒がそろいます。酒は３分の１合から注文ができるので、酒造りならではの豊富な種類が楽しめます。そばや酒のあてに天ぷらや鯛めし、だし巻き玉子も。各テーブルにはおちょこが置いてあって、好きなものを選んで飲めるという演出は、女子心をくすぐられます。

奥のそば猪口コレクションを眺めるのも楽しい♪

酒蔵交流館で買い物をした
後はおいしいおそばを

どれを使おう。
迷うなぁ〜

そば＆日本酒は
江戸時代から続く
ベストコンビ♥

ほり川

具を先に炒めるのが
ほり川流

オリジナルソースは
フルーティ！

大正８年に創業した90余年の歴史を持つ老舗醤油醸造元でもあり、お好み焼店は、築200年を超える醤油蔵を一部改装したもの。お好み焼は、醤油づくりと同じく、味の基本を守りつつも、ニーズに応えて常に進化。なかでも酒粕を練り込んだ生地で焼くお好み焼が人気で、ふんわり焼き上げたやさしい味が特長です。イートインができるので、散歩途中で小腹がすいたとき、気軽に立ち寄るのもおすすめですよ。

醤油に柑橘系のぽ
ん酢……あー迷う！

『ほり川』の向かい側に建つ
『ほり川醤油』でお土産を選ぼう

KIMONO 4 COLUMN

目指せ所作美人！

飲食編

食事の席

きものを汚さないように、ハンカチなどを膝に広げておく。

グラスなどを取るときは、右袖下を左手で持つと上品に。

バイキングのとき

お皿にお料理をとるときは、袂（たもと）を帯の上にぐっと挟み込んでおくと安心です。

お懐紙の出番

お懐紙は、料理を口に運ぶときの受け皿にしたり、食べ残しを包んだりするときに重宝します。お酒の席ではコースター代わりとして使っても良いですね♪

お酌

● お酌をするとき

徳利の真ん中を右手で持ち左手は下に添え、盃の八分目を目安に注ぎます。

● 燗酒の場合

徳利の首部分を右手で持ち、左手は徳利の底部分にタオルなどをあてて持ちます。

● お酌を受けるとき

右手の中指と薬指の間で盃の糸底を挟み、親指と人差し指で上部を持ちます。

Point

徳利の向きについて

細く絞った方を上にすると宝珠の形に見えるため、真ん中から注ぐのは縁切りになるため、角が立たないように注ぐため、など諸説ありますが、注ぎ口以外から注ぐのがマナーのようです。

お箸の使い方

①

右手で箸の中央を上からつまんで取り上げる。

②

左手を箸の下から添える。

③

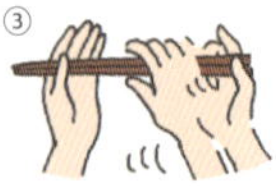

右手を箸にそって右へ移動させ箸の下に。

④

正しい位置で持つ。

＜お茶わんや小鉢を持っているときは＞

①

右手で箸の中央を上からつまんで取り上げる。

②

器を持った手の人差し指と中指で箸を挟む。

③

右手を箸にそって右へ移動させ箸の下に。

④

正しい位置で持つ。

※お茶わんを先に持ってお箸を取り上げるのがマナー
※お箸を戻す時は、逆の動作で

KIMONO ❺ COLUMN

目指せ所作美人！

お手洗い編

トイレ

きものの上前、下前、襦袢（じゅばん）の上前、下前、裾除けを順番に一枚ずつめくり上げていきます。肘で押さえておくと落ちてきません。

めくり上げるときは思いっきりよく。着崩れを心配して少ししかめくり上げないと、便器の中にちゃぽんと浸かってしまいます…。

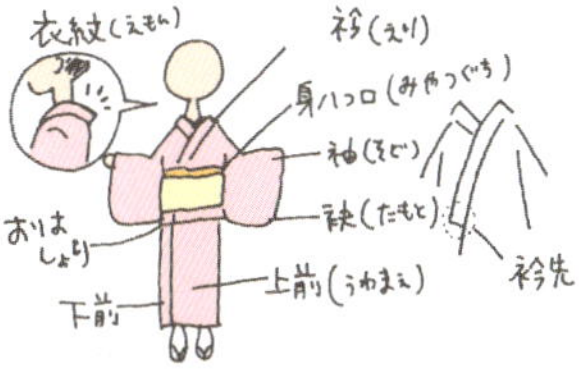

Check!

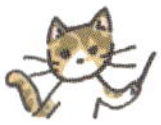

お手洗いの後は、お太鼓のタレが跳ね上がっていることがあります。後ろ姿のチェックをお忘れなく！

洗面所

袖が濡れないよう、袂を腕にくるんと巻きつけるか、帯上から挟み込むと安心です。

着崩れお直し

お手洗いタイムは着崩れお直しのグッドタイミング！
「おはしょり」と「身八つ口」の2か所で直すことができます（^^）

●衿がゆるんだ

身八つ口から手を入れて衿を下に引き、緩んだ部分を胸紐に挟み込ませます。

●衣紋が詰まった

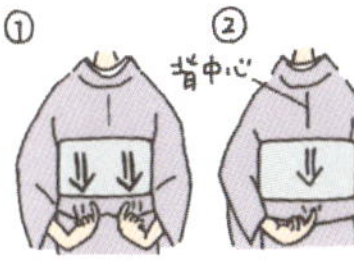

後ろのおはしょりを、肩甲骨の下あたり、背中心の順番で下にひきます。

●半衿が隠れた

襦袢の衿を外側に向けて引き、きものの肩山あたりを左右に引くと落ち着きます。

●上前が下がった

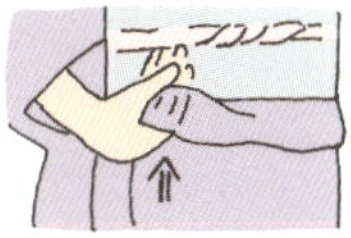

右手でおはしょりの下から上前の衿先を持ち上げるようにして、腰紐の中に入れ込みます。

●おはしょりがねじれた

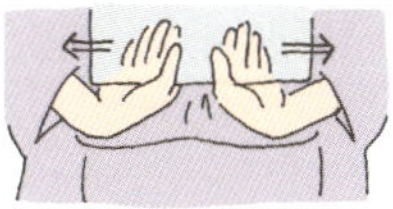

おはしょりと帯の間に手の甲がきものにあたるよう広げて挿し込み、左右に移動させながら、シワをとります。

●下前が下がった

上前の内側に手を入れ、下前の衿先を持ち上げるように腰紐の中に入れ込みます。

ITSUKAICHI

五日市

造幣局がある商店街、通称「コイン通り」は、飲食店や衣料品店、コンビニが建ち並び、駅前には大きな商業施設があるベッドタウン。そんな街中に、創業200年以上の歴史を持つ八幡川酒造があります。酒造りに使用するのは極楽寺山から流れる伏流水。やわらかく、きれいな水で杜氏も「恵まれている」と絶賛するほど。自然と街が融合しているのです。

八幡川酒造

自分に合う飲み方、楽しみ方を 八幡川の酒で見つけてほしい

――――― 畠崇さん

「八幡川酒造では、２０１１年から３人の社員が酒造りを行っています」と執行役員であり、製造部品質管理部長の畠崇さん。それまでは、冬期のみの季節雇用だった杜氏と蔵人を、社員として迎え入れました。「造り手の人数は減りましたが、３人で話をしながら方向性を決め、酒造りに取り組んでいます」。

杜氏の長谷川勝久さんは37歳の元漁師。24歳から10年間、蔵人として八幡川酒造で修行し、２０１３年に杜氏に。杜氏1年目に全国鑑評会で入賞しました。蔵人の穴見峻平さんは北九州出身の27歳で、元サッカー選手。イタリアに酒蔵を造るのが夢で、八幡川酒造で修業中です。44歳の畠さんは実家が酒屋。スポーツ関連の仕事から転職して１９９９年に入社。酒造りに携わるほか、瓶詰めや出荷作業、営業、広報活動など、幅広い業務をこなします。蔵元のスポークスマンとして、人前で八幡川のお酒を語る機会も増えています。

「酒造りが始まると室の温度や麹の様子を確認するので、蔵が生活場所。男ばかり3人が一つ屋根の下にいるので、むさくるしいです」と笑う畠さん。しかし、20代、30代、40代と年齢のバランスもよく、横のつながりもがっちり。若い造り手たちは新たな挑戦をしています。その一つが、広島県産の酒造好適米「広島雄町」を使った純米吟醸。従来の優しくやわらかい飲み口の八幡川の酒とは一線を画し、飲んだときにインパクトのあるお酒です。「どっしりとした味わいとなめらかな酸味が特徴で、ぬる燗に向きます」と畠さん。お客様からは「酒に主張があり、分かりやすい」「これまでの八幡川の酒のイメージとは違う」と評判も上々です。

もう一つの挑戦は、佐伯区湯来町産の「こしひかり」を使った純米酒「峠の客人《まろうど》」。湯来町葛原峠地区で作られた「こしひかり」と「広島もみじ酵母」で醸したお酒で、酒造好適米ではない「コシヒカリ」を使っての酒造りは苦労もありましたが、地域貢献の一環としてトライしました。

3人の造り手が一つになり、新たな挑戦

オリジナルTシャツには、大竹市出身の作詞家、石本美由起氏の詩が

それぞれユニークな経歴を持つ八幡川酒造の3人の造り手。左から畠崇さん、杜氏の長谷川勝久さん、蔵人の穴見峻平さん。新たな酒造りに挑戦できる環境が整い、「業界を盛り上げていきたい」と意気込む

そんな八幡川のお酒で、地元の人が楽しみにしているのが冬季限定の「活性にごり酒」。10月～3月までの期間限定販売ですが、4月、5月になっても問い合わせが続くのだとか。「できてすぐのシュワシュワ感を好む方もいれば、燗にする方、冷蔵庫で1年寝かせて、甘みを楽しむ方も。その人に合う飲み方、楽しみ方を見つけていただけたら」と畠さん。活性にごり酒は、「ザ・広島ブランド」に認定されています。

創業は江戸期の蔵ですが、大正13年に地元にあった2つの酒造場が合併し、地元有志が資金を出し合い株式会社を設立。佐伯区で最も古い法人といわれ、八幡川酒造は地域と深い絆で結ばれています。

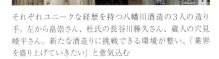

八幡川
純米吟醸 雄町・
八幡川 純米大吟醸

左の「純米吟醸 雄町」は蔵で初の「広島雄町」を使ったお酒で、ぬる燗がおススメ。右の「純米大吟醸」は八幡川酒造で一番人気。

A 各720mℓ（（純米吟醸 雄町）1,600円
（純米大吟醸）2,030円
B（純米吟醸 雄町）17度
（純米大吟醸）17度

※Aは希望小売価格（税込）Bはアルコール度数

八幡川酒造株式会社

[やはたがわしゅぞう]

HP www.yahatagawa.co.jp
住 広島市佐伯区八幡3-13-20
☎ 082-928-0511

1819 ~ 1830年の江戸期・文政年間の創業。1924（大正13）年に八幡酒造株式会社設立、1955（昭和30）年に八幡川酒造株式会社を設立。ちなみに、社名は「やはたがわ」と濁るが、銘柄は「やはたかわ」と濁らず読む。毎年3月には蔵開きも行われ、多くの人でにぎわう。

蔵が比較的海に近いこともあり、八幡川の酒は瀬戸内の白身魚との相性が良い

カリー食堂

キュリ

1992年にオープンしてから、人気が絶えないカレーの名店です。古民家を改装した店内は、裸電球を使うなど細かな演出が女子心をくすぐります。建物は大正モダンといった感じで、きものとも相性ばっちり。種類が豊富なカレーをいただいた後には、少し濃いめのクリームソーダがおいしくておすすめです。

カリーは鉄鍋に入っているので熱々を楽しめます

住宅街に突如現れる趣のある古民家がお店

汚れないよう
袖を押さえて

ふたを開けると焼きカリーの香ばしい香りが

奥の個室でゆるりと

甘味処 篁《こう》庵《あん》

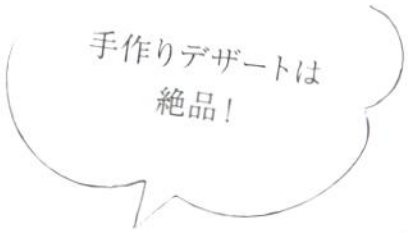

お椀を持ってから箸を持つ。
食事の基本所作も大事です

シンプルだけど味わい深いランチ

五日市駅から歩いてすぐなのもうれしい♪

京都の町家をほうふつとさせる和の趣が漂う店内。名物の抹茶プリンや個性豊かな甘味が楽しめます。朝の8時からは茶がゆ、11時からは炊き込みご飯も選べるランチは、旬の野菜を使った小鉢、みそ汁、一口菓子が付き、ちょうどよい量がうれしい。見た目通りのやさしい味わいに、ホッと和みます。

KIMONO ⑥ COLUMN

目指せ所作美人！

コーディネート編

アクセサリ

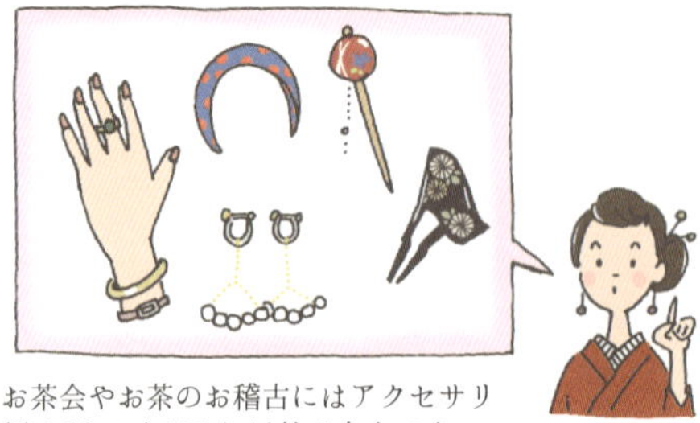

お茶会やお茶のお稽古にはアクセサリ類はNGですがそれ以外は自由です。アクセサリは女性にとって魔除けとも言われていますしね。

最近は、水引のアクセサリも増えてきていますので、和で統一したトータルコーディネートも愉しめそうです。

色遊び

コーディネートで悩んだときは、季節の色を取り込んでみて。例えば春なら、桜模様がなければ桜色を取り入れる、とか。夏の朝顔なら紫色もいいですね。

季節感

和の世界は季節の先取りが粋とされています。

和菓子屋さんに並ぶ上用練り切りも参考に。

てっぱんの挿し色

困ったときに重宝する色の代表格はからし色。えんじ色も割とどんなものにも合います。

半衿

きものの衿からちらりと覗く半衿（はんえり）。いろんなデザインを楽しんで♪

刺繍やレース、柄もの…半衿はきものをさまざまな表情に変えてくれるおしゃれアイテム！
襦袢の衿に縫い付けたり、専用テープで留めたり♪

お気に入りの手拭いを半衿にしてみましょう♪

Point　きもののカレンダー

1	2	3	4	5	6	7	8	9	10	11	12
袷					単衣	絽・紗		単衣	袷		
羽織						浴衣（暑さが続く場合は9月上旬までOK）					

暦どおりでなくても、気候や体調に合わせて先取り、後追いOK！ 地域や文化にも合わせて。

KIMONO 7 COLUMN

目指せ所作美人！

街ブラスタイル編

街着

小紋（こもん）

繰り返し模様の型染めのきもの。模様によっては略礼装から街着まで幅広く着られる。

紬（つむぎ）

糸を染めてから反物を織るため、織りのきものとも言われる。大島紬や結城紬が有名。

木綿（もめん）

馴染みのある素材で、洗濯機で気軽にお手入れできる。春や秋などの街ブラにおすすめ。

帯結び

酒祭りやイベント会場など人が多い場所に出かけるときはなるべく帯が邪魔にならない結び方がおすすめ。

半幅帯

（はんはばおび）

普通の帯より締めやすく、締め方もいろいろ。博多織が有名。

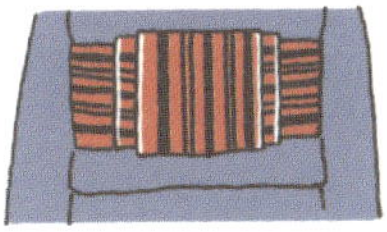

カルタ結び

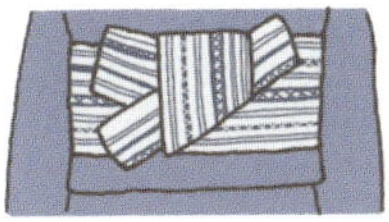

貝ノ口

背もたれによりかかっても崩れないので移動が長い時などにも楽ちん

帯まわり

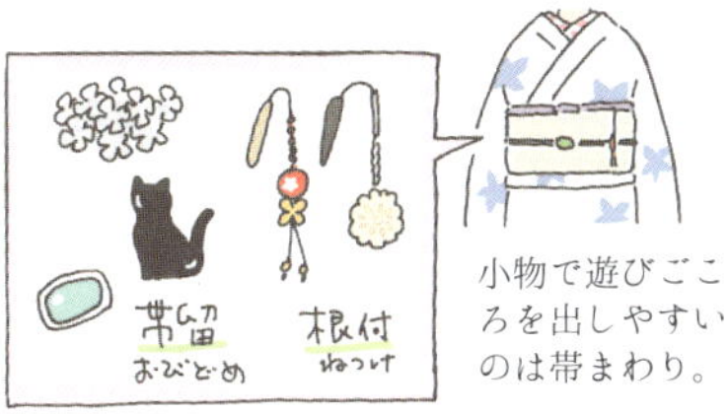

小物で遊びごころを出しやすいのは帯まわり。

酒蔵見学には、徳利の帯留をつけてみたり♪

箸置きの裏に専用の金具をくっつけたらオリジナルの帯留も完成☆

和×洋

レトロな街並みを散策するときには、洋装とミックスして時代をタイムスリップしたり。足元にブーツやパンプスといったスタイルやシャツインスタイル、帽子をコーディネートするのも愉しいですよ。

\ KURE · ONDO · YASUURA /

呉・音戸

安浦

音戸大橋を背に…

呉はレンガ造りの建物をはじめ、古き良き建造物が軒を連ねるレトロな町並みが特徴。そして、音戸は古くから瀬戸内海航路の要地で、港町として繁栄してきました。海岸沿いの道路から一歩踏み込めば、音戸の旧道。狭い路地には日本家屋や商店、造り酒屋に銭湯。まるで時間を巻き戻したかのような懐かしい町並みが続いています。

榎酒造

良い酒を造ることを忘れず挑戦を続けてきたことが実を結びました

―――― 榎 俊宏さん

水と米ではなく、水と酒で醸す酒「貴醸酒」の蔵として知られる榎酒造。倉橋島の北、音戸町にある〝島の蔵〟でもあります。

三段仕込みの最後の段階「留添え」のときに仕込水の代わりに純米酒を入れて造るのが「貴醸酒」です。チャレンジ精神旺盛な榎徹会長が興味を持ち、1974（昭和49）年に全国で初めて製造を開始。以来、新酒から古酒まで様々なタイプの貴醸酒を取り扱う。

「新酒は透明で、甘さが引き立ち後味まで残るのに対し、古くなるほどキレがよく、甘みをさほど感じない滑らかな口当たりになります」と榎酒造四代目の榎俊宏社長は言います。世界最大規模のワイン品評会ＩＷＣ（インターナショナル・ワイン・チャレンジ）2016では、「貴醸酒8年貯蔵」が金賞を受賞。もっとも、榎酒造はＩＷＣでは常連で、この度の受賞は通算8度目になります。

酒で醸すため、発酵がゆっくりと進む貴醸酒は、エキス分をたっぷりと含み、濃醇で香味豊か。フォアグラやチーズなど、こってりとした食材との相性がいい酒です。飲む以外の、とっておきの味わい方として「バニラアイスクリームにかけると、大人のデザートとして楽しめますよ」と教えてくれたのは、榎社長の姉、榎真理子さん。貴醸酒の種類により味も変わり、香味豊かな8年古酒をかけるとラムレーズン風味、できたての「生にごり酒」をかけるとさわやかなヨーグルト風味が味わえます。真理子さんはフランスで12年間仕事をした後、2000(平成12)年に帰国し、榎社長を支える存在。試飲会や海外のイベントでは、着物姿の真理子さんをお見かけすることも。

榎酒造は会長譲りのチャレンジ精神が藤田杜氏を筆頭とする40代の若い造り手に受け継がれ、貴醸酒以外の酒造りにも発揮されています。社員は杜氏を含む4人という少人数ながら、人の手、力を使い丹念に酒造りを行ってきました。榎社長も造り手の一人です。

「ホッとやすらぐ酒」造りを目指す

吟醸酒(左)と貴醸酒(右)の酒粕の風味と食感が楽しいかりんとう

釜場で蒸した米を広げ、粗熱をとる。榎酒造の酒造りは藤田忠杜氏のもと、松本淳司さんと田中智幸さんの蔵人と榎社長の40代4人が力を合わせ、取り組む

「新しい酵母を使った酒造りにもさんざん挑戦してきましたが、華やかな香りを求めれば、飲みにくい味になることも。試行錯誤の末、原点に返ろうと熊本酵母に切り替えてから5年になります。派手さはありませんが、優しい味の酒になっています」と榎社長。「ホッとやすらぐ酒」を目指す榎酒造にふさわしい酒が造りだされています。

通常は見ることのできない蔵の中も4月下旬から5月初めにかけて開催される「華鳩の蔵開き」期間中は別。40種類以上の利き酒が楽しめるほか、地元ゆかりの音戸の舟唄が蔵内で披露され、入れ替わり立ち替わり多くの人でにぎわいます。期間中は、酒蔵の2階がレストランやギャラリーに変身し、地元アーティストの作品展示やワークショップも行われます。

華鳩
貴醸酒8年貯蔵

8年以上熟成させた、蔵を代表する貴醸酒。琥珀色のとろりとした酒は濃醇甘口。レーズンやナッツを思わせる香味豊かな酒だ。

A 500㎖ 2,160円、300㎖ 1,296円
B 16.5度

※Aは希望小売価格（税込）Bはアルコール度数

榎酒造株式会社

［えのきしゅぞう］

HP http://www.hanahato.co.jp
住 呉市音戸町南隠渡2-1-15
☎ 0823-52-1234

平清盛が沈む太陽を扇で止め、一日で開削したという伝説の地、音戸の瀬戸の近くに蔵がある。「華鳩」をメイン銘柄とするが、1899（明治32）年の創業時の銘柄は「清盛」。蔵内の井戸からくみ上げられる中軟水を仕込水に、日本酒の楽しみを広げるべくチャレンジを続ける。蔵見学は要予約。

造り手でもある四代目の俊宏社長と事務方としてサポートする姉の真理子さん

盛川酒造

飲む人と料理を引き立てる
「酌むほどに　味も香りも　深き酒」

――――――　盛川 知則さん

軟水地帯といわれる広島県下でも一、二を争うほどの極軟水で、お酒を醸している盛川酒造。標高８３９ｍの野呂山《のろさん》の麓にある蔵のそばを流れる野呂川は、夏には蛍が舞う清流。豊かな自然に囲まれた蔵で酒の仕込みに使われる水も野呂山系の伏流水です。

極軟水での酒造りには、技術を要します。ミネラル分が極めて少ない水は、酒造りに必要な酵母菌の生育が硬水のように活発ではなく緩やか。軟水ゆえに編み出された「軟水醸造法」で丁寧に醸すことで、米の旨味をしっかりと引き出し、芳醇で味のある「白鴻《はくこう》」の酒が生まれます。

「確かに柔らかい水質ですが、それだけではなく強さも併わせ持った水です」と盛川元晴杜氏は言います。柔らかく、しかし、強い水で仕込んだ酒は、変質しにくく長期熟成に向いているのだとか。燗にしても、燗を冷ました「燗冷まし」でもおいしく味わうことができ、飽きることなく楽しめる〝底力〟が感じられます。

盛川酒造が目指すのは、「汲むほどに 味も香りも 深き酒」という言葉に象徴される、飲む人と料理の邪魔をせず、それでいて、味わいのある食中酒。人が集い、語らうときにそばにあり、主役である人と料理を引き立てる存在として、優しさの中に強さを感じさせる酒は、仕込水の特性と造り手の姿勢を表しているようでもあります。

「『白鴻』を通して、日本酒のおいしさを日本だけでなく海外の人にも伝え、日本酒の輪を広げたいです」と盛川知則社長は力を込めます。

7代目として蔵を継いだ1989(平成元)年から約20年にわたり、コツコツと海外へのアプローチを続けてきました。現在までに台湾、香港、イギリスへ独自に販路を開拓。取引先へも年に一度は訪れ、良好な関係を築いてきました。

「白鴻」を通じて 日本酒の輪を世界へ

4月の蔵まつり、6月の蛍・笛・月の会など、蔵元でのイベントも開催

おいしい酒の副産物「粕」を使ったオリジナル商品。大吟醸「沙羅双樹」の酒粕を使った「酒粕かりんとう」や「酒粕生キャラメル」、だし入りの「大吟醸粕汁みそ」。菓子メーカー勤務の経験を生かし、味に妥協はない

世界に通用する酒としての評価も高まっており、2014年の「IWC(インターナショナル・ワイン・チャレンジ)2014」の純米酒の部で「白鴻 四段仕込み純米酒赤ラベル」がゴールドメダルを受賞。純米酒部門の中でわずか5点にしか与えられない名誉に輝きました。

和食がユネスコ無形文化遺産に登録され、日本酒への注目度はますます高まっていますが、「日本酒に対するニーズは国によりさまざまです。ワインの本場、パリでは日本酒の認知度はまだ低いです」とも。しかし、地元・広島県産の梅を「白鴻」に漬け込んで作る甘さを抑えた梅酒は、じわじわとフランスで人気が出てきているそう。

3カ月に2回のペースで海外に足を運ぶという盛川社長。パリのレストランで広島の酒のコラボイベントやセミナーを開催するなど、海外へ日本酒を広めるチャレンジは続きます。

白鴻 四段仕込み純米酒 赤ラベル・白鴻 純米酒65 橙ラベル

左の「赤ラベル」は、甘酒四段仕込みで旨みを残した、やや甘口の純米酒。「IWC2014」SAKE部門・純米酒の部でゴールドメダルを受賞。右の「橙ラベル」はふくよかな味わいの中にキレのある純米酒。

A 各720㎖（赤ラベル）1,404円、（橙ラベル）1,458円（箱代別途）
B 各15.5%

※Aは希望小売価格（税込）Bはアルコール度数

盛川酒造株式会社
[もりかわしゅぞう]

HP morikawa-shuzo.com
住 呉市女浦町原畑44
☎0823-84-2002

1887（明治20）年に創業。菓子メーカーに勤務し、ハワイに赴任していた知則氏が1989（平成元）年に7代目を継承してから特定名称酒に特化した酒造りを行っており、「白鴻」、「沙羅双樹（さらそうじゅ）」を看板銘柄に掲げる。弟で杜氏の元晴氏と共に兄弟で130年の伝統を受け継ぐ。

蔵ではお酒の試飲ができるほか、酒粕を使ったスイーツなども購入できる

田舎洋食 いせ屋

海軍さんの肉じゃがも
ペロリといけちゃう

ジューシー♥
お客さんの要望で生まれた牛のカツ丼♥

有名人もよく立ち寄るそう。奥さん、
最新機器で取材の様子をパシャリ

明治時代に帝国海軍の戦艦コック長を務めていた初代店主が、1921（大正10）年に『いせ屋』を創業。三代目の加納充訓さんが腕を振るう看板メニュー特製カツ丼は、ビーフカツとハヤシライスが融合したボリューム満点メニュー。ひと晩寝かせたデミグラスソースに、きめ細やかな霜降りのリブロースをたっぷり絡めて食べましょう。

お人柄の良いお二人に
似顔絵のプレゼント

待っとるよー

昴珈琲店1959店

約40種の中からお気に入りの一杯を淹れてもらおう

海軍カレーもオススメ

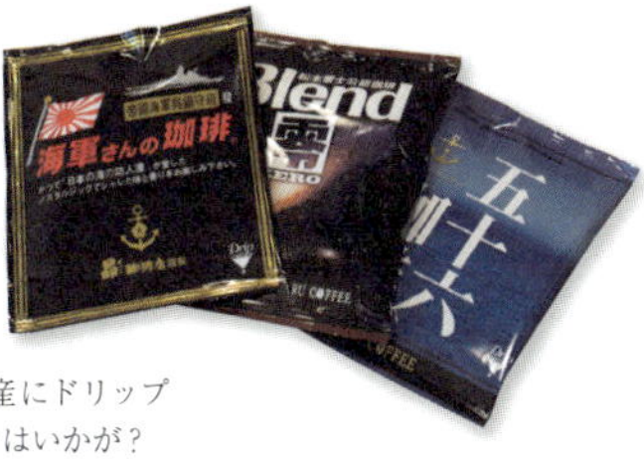

お土産にドリップ
パックはいかが？

コーヒー通が足繁く通う自家焙煎の老舗コーヒー豆販売店『昴珈琲店』が運営するカフェ。ドアを開けると挽きたてのコーヒーの豊かな香りが漂い、コーヒー好きにはたまらない空間。オリジナルブレンドコーヒーなど、昴珈琲店で取り扱う約40種のコーヒーがハンドドリップで味わえます。オリジナルワッフルもおすすめ。

灰ヶ峰を表現した呉女子ワッフル。
コーヒーとの相性抜群

びっくり堂

ふわっと広がる
やさしい
あんこのかおり

商店街にある『びっくり堂』のびっくり饅頭は、昔から呉市民のソウルフードとして親しまれています。メニューは赤あん、白あん、クリームの3種（各100円）。1個から買えるお手軽感が、街ぶらにはうれしいおやつ。ほんのり甘く、サラッとした舌触りが後をひかず、たっぷりのあんこでもペロリといけちゃうので、食べすぎに注意です。

歩き疲れた体にちょうどいい

小腹が空いたら
コレだね♪

御菓子処 蜜屋

店内奥にはイートインスペースも。温かい日本茶のサービスがうれしい

唐傘で、雨もなんだか楽しいね♪

創業60年以上という老舗の和菓子屋。約50種以上の和菓子を取りそろえているなかで、呉市民にもっとも親しまれている『みつどら』。ハチミツ入りの生地と北海道小豆の粒あんが絶妙な組み合わせで、おいしさを引き立てます。みつどらと並んで人気なのが『蜜饅頭』。小豆こしあんと白あんの2種で、生地にいっさい水を使わず練り上げたこだわりの製法（玉練り）は、とろけるような風合いが特徴の和菓子です。

四季折々の和菓子
一つ一つ丁寧に
説明してくれます

音戸渡船

ポンポンポン…なんだか懐かしい音。
あっ船が来た

江戸時代から人々の生活を
支え愛されているんだって

日本一短い定期航路と呼ばれる渡し船『音戸渡船』。音戸と対岸の警固屋を結び、音戸の瀬戸を横断します。時刻表はなく、一人でもお客さんがいれば乗せてくれるので、気軽に立ち寄ってみましょう。船上から仰ぎ見る音戸大橋は、なかなかの絶景です。着物で乗船すれば、懐かしい気持ちになりますよ。

片道3分！
料金表はこちらです

ご飯屋CAFE 蔵屋敷

ぷっくり大きなカキは食べ応え十分

店内への扉を開けば、タイムスリップしたかのようなレトロな空間が広がります。カフェで一番人気のメニューは釜飯。注文ごとにじっくりたきあげる釜飯は、カキ（10〜3月限定）をはじめ、五目、タイ、イカ、カニ、ホタテなどの具が選べるのがうれしい。そのほか、フライものをはじめとするボリューム満点の定食や、カフェメニュー、サイフォンで丁寧に淹れるコーヒーもあります。

天仁庵

音戸の瀬戸を目の前に代々営んできた呉服店を、創業130年を機にカフェとクラフトショップを兼ねた店にリニューアル。音戸大橋を見上げるこの場所で、和の伝統美とモダンさが融合した佇まいは呉市の「美しい街づくり大賞」に選ばれたほど。カフェメニューは自家栽培の旬の野菜や、地元漁師から直接仕入れる鮮魚などで、島の恵みを存分に味わうことができます。

器が可愛く栄養バランスも取れた女子にはたまらないランチ!

この日のデザートは抹茶プリン。ランチの後でもぺろっと食べられます

和モダンなエントランス

広島の作家さん〜の作品もあるよ!

TOMONOURA

鞆の浦

瀬戸内海国立公園の中に位置し、古くは万葉集にも詠まれた景勝地・鞆の浦。「潮待ち、風待ちの港」として知られる海上交通の要所として栄え、幕末には坂本龍馬率いる海援隊がしばらく滞在していた地としても有名です。風光明美で、今なお江戸時代のかやぶき屋根や美しい漆喰の壁、蔵などか立ち並ぶ風情あふれる町並みを着物姿でめぐれば、まるで当時にタイムスリップしたような気分が味わえます。

岡本亀太郎本店

保命酒の味の決め手は、そのまま飲めるほど味の良いみりんです

――― 岡本 良知さん

「命を保つ酒」と書く「保命酒《ほうめいしゅ》」は、独特な酒です。16種類もの薬味が漬け込んであり、さながら和製リキュール。こっくりと濃厚でふくよかな味わいは、ヨーロッパでポピュラーな香草系のリキュールとは別もの。シナニッケイ、シナモンなど薬味を漬け込むことで、甘みを生み出すほか、アミノ酸（人の必須アミノ酸9種を含む18種のアミノ酸）が豊富に含まれているので、体にやさしいリキュールとなっている。

保命酒のベースとなるのは、良質な味醂。「麹が〝いい仕事〟をしてくれるおかげで、原料のモチ米が持つ甘みやアミノ酸が麹の酵素で十分に引き出されます。コクがあり、くさみはない。そのまま違和感なく飲んでいただけるほど、味の良い味醂ができあがります」と6代目の岡本良知社長は言います。

まさに「本味醂」と呼ぶにふさわしい質の良い味醂に薬味を漬けこむことで、成分がじわりとしみ出した滋味に富む酒に仕上がっています。

ペリーをもてなすために用いられた酒

今から約360年前、大阪の漢方医「中村家」の子息、中村吉兵衛氏によって生み出された保命酒。「幕末には、黒船で来航したペリー提督や初代領事ハリスといった外国の要人への接待酒として用いられました」と岡本社長。今も伝統の製法を受け継ぐ3人の造り手によって、味醂造りに約3カ月、その後、薬味の漬け込みに約1~2カ月かけて手造りされています。

かつて、食生活が今ほど豊かではなかった時代には、健康酒として重んじられてきた保命酒ですが、その伝統を守りつつ、現代の嗜好に合うさまざまな工夫もしています。例えば、通常の保命酒のアルコール度数13度に対して、その3倍の「四十度保命酒」。力強さとキレのあるすっきりとした味わいは、リキュールになじみのある海外の人に特に人気で、鞆の浦を訪れる外国人観光客がお土産に購入して帰ることが多いのだとか。この「四十度保命酒」を中に閉じ込めた保命酒ボンボンも、冬季限定で販売しています。

保命酒独特の薬味や甘みは特長である半面、それを苦手とする人も少なくないため、保命酒に梅やアンズといった果実やショウガを漬け込むことを考案。「新たな素材を加えることで、保命酒特有の香りを和らげ、新たな味のバリエーションが生まれました。ネーミングは私が考えたんですよ」と岡本社長。「梅太郎」には紀州産の梅を、「杏姫」には地元産のアンズを、「生姜ノ助」には高知産のショウガをそれぞれを漬け込んでいます。

「潮待ち港」として栄えた鞆の浦で譜代福山藩の庇護を得て、江戸幕府のお墨付きの高級酒として今に伝えられる保命酒。伝統の上に創造を加味した新しい保命酒を探求する取り組みが続いています。

純米仕込本味醂「岡本亀太郎」。他の味醂と「利き味醂」をすると味わいの差が分かる

店内では保命酒シリーズのほか、2種の本味醂や「四十度保命酒」も試飲できる。保命酒を使ったのど飴、保命酒ボンボン(冬季限定)などの多彩なスイーツ類は、お土産におススメ

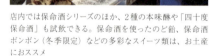

四十度保命酒

薬香と穀物由来の芳醇な香りを楽しむなら、ストレートやオンザロックで。甘さを控えた大人向けのカクテルやスイーツ用にも最適

A 750mℓ 2,600円、100mℓ 700円
B 40度

※Aは希望小売価格（税込）Bはアルコール度数

株式会社岡本亀太郎本店

［おかもとかめたろうほんてん］

HP http://www.honke-houmeishu.com/
住 福山市鞆町鞆927-1
☎ 084-982-2126

1855（安政2）年に清酒業で創業。明治期の初代岡本亀太郎の代に徐々に保命酒業に転業し、保命酒の醸造販売の基礎を築く。店舗は旧福山城長屋門の遺構で、市重要文化財。店内の「龍の看板」は保命酒の生みの親、中村家より譲り受けたもの。

衛生的かつ高品質な商品作り、新しい醸造技術を追求する精神が受け継がれている

民芸茶処 深津屋

一つ一つ違うデザインの
コーヒーカップや湯のみ

常夜燈に向かう素敵な小径にあるお店

落ち着いた和の雰囲気が漂う『深津屋』は、幕末の民家を改装した純喫茶。ブレンドコーヒーはハンドドリップで、一人ひとり絵柄の異なるカップで提供されます。また、ぜんざいやかき氷、ケーキなど和洋の甘味が味わえるのも魅力的。店内で販売されている古布を使った小物や焼き物などの手作り作品にも、ほっこり心が温まります。

いただきます！

民芸品がずらり。どれにしようかな

カウンターで栗ぜんざい、
いただきます！

福禅寺・對潮楼

思わずスケッチ…

窓枠が額で景色は絵画のよう。
ぜひバックに写真を撮って

『福禅寺・對潮楼』は真言宗の寺院・福禅寺に隣接する客殿で、江戸時代には朝鮮通信使のための迎賓館として使用されました。ここからの景色はあまりに素晴らしいため「日東第一形勝（朝鮮より東で一番美しい景勝地）」と称えられたほどです。絶景を望みながら、心を落ち着かせて写経体験をしてみるのもおすすめですよ。

言の葉みくじ　いろしるべ
ひいてみて

BEER & CAFE Gallery 茶屋蔵

海の真ん前
潮の香りが…

古い梁やタンス、籠など、歴史を感じられる広々とした店内

チキンはやわらかく
ジューシー♡

自家製パンと瀬戸内のレモンと
野菜を使ったチキンバーガー

鞆の浦のシンボルである常夜燈を望む場所にあるカフェ「茶屋蔵」。江戸時代の蔵を改装している和の空間でありながら、なんとビアソムリエである店主が選ぶ世界のビールをはじめ、異国の文化にも触れることができるんです。自家焙煎コーヒーや手作りの軽食、ギャラリースペースの展示品などを楽しみながら、ゆっくりとした時間が過ごせますよ。

廃材を工夫したお洒落なカウンター

田淵屋

個室もありゆっくり過ごせます

たくさん歩いた後だから余計においしい!

江戸時代の民家を改装した食事処が『田淵屋』です。店内にはミシンやアイロンなど、当時使われていた家財道具があちらこちらに飾られています。名物のハヤシライスは、野菜と牛肉を自家製デミグラスソースと赤ワインで一週間かけじっくりと煮込まれていて、どこか懐かしく、ほっとする味わい。保命酒もいただけます。

親切なお母さんがお出迎えしてくれますよ

廿日市市の極楽寺山のふもとにあります

SPECIAL ISSUE

古民家「輪～Rin」& velo cafe voyAge

取材先の酒をずらりと並べてみると、圧巻です！

127年の歴史を持つ醤油醸造元の古民家を、そのままの状態を尊重しつつ活用した多目的な空間が「輪」です。このたび、取材先でお世話になった酒蔵の酒を用意し、スタッフの皆さんと日本酒パーティーを行うため、輪をお借りして行いました。輪代表の堀啓二さんは「サイクルフェスタHIROSHIMA」の実行委員長。

たすきをかけてひと仕事

持ち寄り手作り料理！
お店の素敵な器もお借りし盛り付け♪

Party!

制作スタッフやお世話になった皆さん全員着物で！

水引の箸置きは澤井さん手作り！

堀さんは、こうした地域のコミニティスペースとして活用できればと、そば打ち体験や、毎週水曜日に行っている「ティータイム・コンサート」も好評のようです。アーティストによる小物なども販売しており、音楽好きやサイクリストでなくても、気軽に立ち寄れる楽しい空間ですよ。

代表の堀さん（左）と
澤井さんもご満悦♪

着物で
日本酒パーティー
@古民家、最高♪

おちょこれくしょん

蔵元ゆかりのおちょこやお気に入りの酒器をご紹介。
名付けて「おちょこれくしょん」。素敵なおちょこが集まりました！

1

加賀泉酒造

前垣 壽男さんのお気に入り

（左）柳宗理デザインの清酒グラスと同型のおちょこ（中）東広島市に「太祖窯」を持つ陶芸家・木村芳郎氏作の白磁面取盃（右）同じく木村芳郎氏作の「碧釉（へきゆう）」のオリジナルおちょこ

2

賀茂鶴酒造

（左）酒銘入りの呑利きちょこ（中）お酒を注ぐと鳥のさえずりに似た音が楽しめる「うぐいす徳利」用のおちょこ。突起穴の部分からお酒を飲むと「ピュー」と音がする（右）厳島神社の鳥居が描かれた年代もののおちょこ

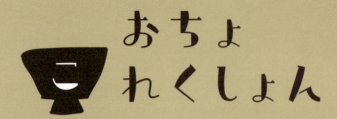

3

白牡丹酒造

（左）高台の中に酒銘が入っている珍しい呑利きちょこ
（右）高浜型と呼ばれるレトロなスタイルのおちょこ。こちらは側面に「白牡」の酒銘が

4

（左）底に蛇の目模様の入った利きちょこをイメージしたスタイリッシュな筒型ちょこ（右）お酒の温度が感じられる薄さと軽さが特長の富久長オリジナルのグラス

今田酒造

5

竹鶴酒造

（左）風合いのある平型のおちょこは竹鶴敏夫社長のお気に入り（右）高台の部分に色が入っていることから帯ラッパ型と呼ばれるおちょこ。側面に「竹鶴」の酒銘入り

6

藤井酒造

（左）藤井善文社長お気に入りの錫（すず）の打ち抜きちょこは冷酒に最適（右）内側に麻の葉模様があしらわれたお燗用のおちょこ

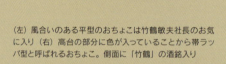

7

榎酒造

「華鳩」の酒銘が入った呑利きちょこ。底は蛇の目模様と思いきや、愛らしいスマイル模様に思わずにっこり

盛川酒造

8

（左）底に「白鴻」の酒銘が入ったおちょこ（右）盛川知則社長のお気に入り、赤間天目のおちょこ

9

岡本亀太郎本店

酒銘「ミツボシ」が側面に
入った高浜型のおちょこ

10

八幡川酒造

底に「八幡川」の酒銘の
入ったシンプルなおちょこ

11

きものあそび主宰

澤井 律子さんのお気に入り

（上）ひと目ぼれして買った初めての自分のための富士山のおちょこ。底には扇子が描かれている（左）蛇の目の代わりにハートがキュートな呑利きちょこ（右）スッキリいきたい気分のときはガラスのおちょこで。まだらに入った気泡が優しい

12

絵描屋

池田 奈都子さんのお気に入り

（上）母との金沢旅行で買ったペアの九谷焼。母も夫婦用にペアで購入。見るたびに楽しかった旅を思いだす（下）有田焼の「地の盃」は、絵描屋10周年のお祝いにプレゼントされたもの。女性作家の描いたカニがカワイイ！

おまけ

古道具屋で見つけたレトロな電気の燗つけ器。温度が調節できて重宝

インデックス

▶ 西条

P024 くぐり門珈琲店	住 東広島市西条本町17-1　☎ 082-426-3005 HP http://kugurimon.com/　f https://www.facebook.com/kugurimon/ 営 10:00〜17:00　休 第2・4火曜日
P025 佛蘭西屋	住 東広島市西条本町9-11　☎ 082-422-8008　HP http://www.france-ya.jp/ f https://ja-jp.facebook.com/佛蘭西屋-608901969144635/ 営 1F洋食11:30〜14:30（LO14:00）、17:00〜21:00（LO20:00）　2F和食11:30〜14:30（LO14:00）、17:00〜22:00（LO21:00）　休 1F洋食／木曜、第3・4月曜　2F和食／水曜、第1・2月曜
P026 Trecasa	住 東広島市西条本町16-24　☎ 082-430-7662 HP http://cafe-trecasa.com/　f https://www.facebook.com/cafe.trecasa 営 11:00〜19:00、ランチ11:00〜15:00　休 水曜、第1・3火曜

▶ 竹原

P040 酒蔵 そば処 たにざき	住 竹原市本町3-4-14　☎ 0846-22-7131 HP なし　f なし 営 11:00〜14:30、16:30〜19:00　休 月曜（祝日の場合は翌日）
P041 ほり川	住 竹原市本町3-8-21　☎ 0846-22-2475 HP http://www.horikawa-1919.co.jp/category/2/　f なし 営 11:00〜14:30、17:00〜19:30　休 水曜
P041 ほり川醤油	住 竹原市本町3-10-37　☎ 0846-22-2475 HP http://www.horikawa-1919.co.jp/category/2/　f なし 営 10:00〜18:00　休 水曜

▶ 五日市

P050 カリー食堂 キュリ	住 広島市佐伯区吉見園2-13　☎ 082-923-7022 HP なし　f https://www.facebook.com/gentecurry/ 営 11:30〜16:00（LO15:00）、17:30〜22:00（LO21:00）　休 火曜
P051 甘味処 篁庵	住 広島市佐伯区五日市駅前1-5-24 平田ビル1F　☎ 082-921-6675 HP なし　f なし 営 9:00〜19:00　休 火曜

▶ 呉

P064 田舎洋食 いせ屋	住 呉市中通4-12-16　☎ 0823-21-3817 HP なし　f なし 営 11:00〜15:00、17:00〜20:30　休 木曜（祝日の場合は翌日）

P065 昴珈琲店1959店	住 広島県呉市中通2-5-5　☎ 0120-02-7730 HP http://www.subarucoffee.co.jp/ f https://www.facebook.com/SubaruCoffeeDays1959/ 営 9:00〜17:00　休 火曜
P066 びっくり堂	住 呉市中通3-5-5　☎ 0823-24-8611 HP なし　f なし 営 10:00〜18:00(売り切れ次第閉店)　休 火曜
P067 御菓子処 蜜屋	住 呉市中通3丁目5-1　☎ 0823-21-3255　HP http://mitsuya-honpo.jp/ f なし 営 9:00〜19:00　休 火曜

▶ 音戸

P068 音戸の渡船	住 広島県呉市警固屋8-7 音戸渡船　☎ 0823-25-3239(呉市交通政策課) HP https://www.city.kure.lg.jp/soshiki/28/ondo-tosen.html　f なし 営 5:30〜21:00
P069 ご飯屋CAFE 蔵屋敷	住 広島県呉市音戸町田原3-15-16　☎ 0823-52-0937 HP なし　f なし 営 11:00〜15:00　休 月曜 ※臨時休業あり、要問い合わせ
P070 天仁庵	住 呉市音戸町引地1-2-2　☎ 0823-52-2228 HP http://tenjinan.jp/ f https://ja-jp.facebook.com/tenjinan/ 営 10:30〜18:00、ランチ11:30〜14:00　休 木曜

▶ 鞆の浦

P078 民芸茶処 深津屋	住 福山市鞆町鞆852　☎ 084-982-1006 HP なし　f なし 営 9:30〜17:00　休 月・火曜
P079 福禅寺・對潮楼	住 福山市鞆町鞆2　☎ 084-982-2705 HP なし　f なし 営 8:00〜17:00　休 なし
P080 BEER&CAFFEE Gallery 茶屋蔵	住 福山市鞆町鞆900-2　☎ 090-5376-7056　HP なし f https://www.facebook.com/BEER-CAFE-Gallery-茶屋蔵-659361767499874/ 営 10:00〜18:00　休 火曜
P081 田淵屋	住 福山市鞆町鞆838　☎ 084-983-5085 HP http://www.tomonoura-tabuchiya.com/　f なし 営 12:00〜16:00　休 水曜

▶ 廿日市

P082 古民家「輪〜Rin」& velo cafe voyAge	住 廿日市市 原30-1　☎ 0829-30-6936 HP なし　f https://www.facebook.com/古民家Rin-576845112468480/ 営 10:00〜18:00　休 木曜

あとがき

　今回澤井さんから、着物と日本酒の魅力を広める本を作りたいと相談があったとき、思わず目が輝きました。着物も日本酒もどちらも大好きな私。「自分らしい表現で魅力を伝えたい」とすぐに企画を進めました。私の着物好きは祖母と母のおかげです。母の振袖を着た成人式のこと。祖母が大切にしていた一着を仕立て直してくれたこと。祖母は認知症ですが着物の話になると嬉しそうに思い出を語ってくれました。着物を通して深まった母娘三代の絆。着物の良さはこんなところにあると思うのです。多くの人にその魅力を感じていただけたら幸いです。

　最後になりましが、形にしてくださった制作スタッフの皆さんや取材先の皆さま、本当にありがとうございました。仕事とは思えないほど愉しかったです。愉しいのが一番！

絵描屋
池田　奈鳳子

池田 奈鳳子

倉敷出身のイラストレーター。2006年『絵描屋（えかきや）』設立。2008年、長編漫画『かっこちゃん！』出版。漫画、似顔絵、イラストを主体に、タッチも手がける媒体もさまざま。澤井さんとは和文化のイベントで和装似顔絵を描かせてもらったり、コラボグッズを作ったり。お酒を呑んだり、笑ったり……の関係。
今回、書籍全体の企画から携わり、ロケもたくさん経験した。

澤井 律子

2005年、広島できものを着る機会の創出とコミュニティづくりを目指す「ひろしまきもの遊び」発足。2017年3月に一般社団法人化。着付け講師の資格を活かし、教室を展開。和ごころセミナーやきものイベントを企画しながら、地元企業や施設団体さまからの依頼を受け、きもの茶屋を企画・運営し、きものを着る機会、きものに触れあえる場所、を幅広く提供。

NYK LINE

きもので酒さんぽ

平成29年5月19日　初版発行

発行人　田中朋博

企画　澤井律子（ひろしまきもの遊び代表）
池田奈鳳子（絵描屋）

著者　澤井律子

編集　堀友良平
滝瀬恵子　森田樹璃

撮影　三国 伸

取材・文　神垣あゆみ　池田奈鳳子

装丁デザイン　村田洋子

イラスト　池田奈鳳子

校閲　大田光悦　菊澤昇吾

印刷・製本　中本本店

発行　株式会社ザメディアジョンプレス
〒733-0011 広島県広島市西区横川町2-5-15
TEL:082-503-5051／FAX:082-503-5052

発売　株式会社ザメディアジョン
〒733-0011 広島県広島市西区横川町2-5-15
TEL:082-503-5035／FAX:082-503-5036

ISBN978-4-86250-492-0　C0076　¥1500E